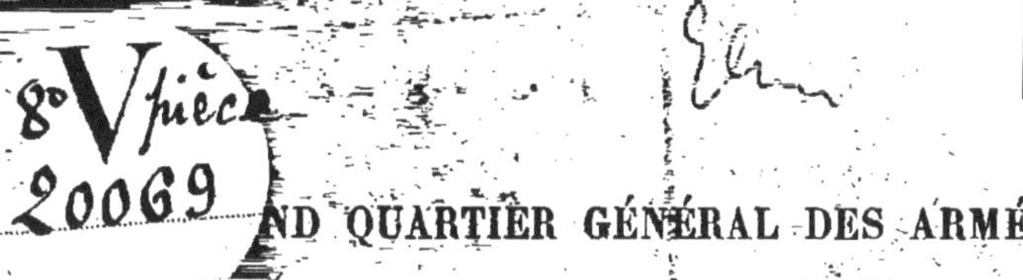

GRAND QUARTIER GÉNÉRAL DES ARMÉES

SECRET

ÉTAT-MAJOR

INSTRUCTION

SUR

LES PLANS DIRECTEURS

PARIS
IMPRIMERIE NATIONALE

1916

GRAND
QUARTIER GÉNÉRAL
DES ARMÉES.

ÉTAT-MAJOR.

14 février 1916.

INSTRUCTION
SUR
LES PLANS DIRECTEURS.

La présente Instruction a pour but de définir la nature et l'objet des Plans Directeurs aux différentes échelles et de réglementer leurs conditions d'établissement dans les Armées.

Elle abroge, en ce qui concerne les Plans Directeurs proprement dits, l'« Instruction pour l'Organisation du Tir des batteries lourdes et l'établissement des Plans Directeurs du Tir », du 10 novembre 1914. Cette Instruction avait posé les premiers principes de l'Établissement des Plans Directeurs, mais elle avait envisagé principalement leur emploi pour le tir de l'Artillerie.

L'expérience a rapidement conduit à modifier et à élargir cette conception première. Il a été reconnu nécessaire d'établir des Plans Directeurs à diverses échelles dans des formes différentes et d'en doter toutes les armes, les États-Majors, le Commandement à tous les échelons. Ils ont été jugés indispensables pour la préparation et l'exécution des attaques. D'autre part, l'organisation méthodique de notre front a nécessité l'établissement de Plans spéciaux comportant le relevé de nos propres travaux. En sorte que, finalement, au lieu du seul plan conçu tout d'abord dans un but particulier, le Plan Directeur du tir, on a été amené par la force des choses à dresser des documents variés satisfaisant à des besoins plus étendus et que l'on a désignés plus simplement sous le nom de Plans Directeurs, cette appellation indéterminée répondant mieux à la généralité de leur emploi et correspondant très exactement en particulier à l'usage qui en a été fait par le Commandement pour la direction des opérations.

Le degré de précision exigé des Plans Directeurs, le nombre et la variété des plans à fournir aux Armées exigeaient que leur établissement fût confié à un organe spécial, disposant en personnel technique et en moyens matériels de toutes les ressources voulues. Dans l'organisation actuelle des Armées, les Groupes de Canevas de Tir et le Service Géographique de l'Armée pouvaient seuls assurer cette tâche. Cependant il a été jugé indispensable d'associer les Corps d'Armée aux travaux exécutés par les Groupes de Canevas de Tir des Armées, et il a été créé à cet effet des Sections Topographiques de C. A.

Les récentes Instructions sur les Groupes de Canevas de Tir et les Sections Topographiques (1) précisent leurs attributions respectives. Des renseignements techniques sont fournis plus loin sur les travaux relatifs à l'établ ssement et à la tenue à jour des Plans Directeurs que l'un et l'autre organe ont à exécuter. Toutefois, en ce qui concerne les travaux spéciaux du groupe de Canevas de Tir, on s'est contenté d'une simple énumération; l'exposé en eût été trop long et d'un caractère trop exclusivement technique; il eût d'ailleurs été superflu, puisque les Groupes de Canevas de Tir sont, en principe, composés d'Officiers ayant dans ces questions les connaissances et l'expérience nécessaires.

La photographie aérienne tient une place de premier ordre dans les relevés des positions ennemies. Les principes essentiels de la Restitution et de la Lecture des Photographies ont, en conséquence, été présentés dans cette Instruction, mais dans une forme aussi simple que possible et sans aborder ce qui a trait à leur examen approfondi et à leur interprétation complète.

I. — NATURE ET OBJET DES PLANS DIRECTEURS.

Les Plans Directeurs sont des plans à grande échelle sur lesquels se trouvent figurées les organisations ennemies et, en certains cas, nos propres organisations défensives et offensives. Établis dans les Armées par les Groupes de Canevas de Tir et publiés au Service Géographique, ils ont, au même titre que la Carte d'État-Major, un caractère officiel. Ils font foi, à l'exclusion de tous autres documents, pour toutes les appellations à employer dans les ordres, instructions et comptes rendus.

1° Plans Directeurs ordinaires.

Les Plans Directeurs ne comportant que le relevé de l'organisation ennemie sont établis, comme échelle et disposition de forme, d'après les types suivants qui répondent chacun à des nécessités particulières du Commandement, des Etats-Majors ou des différentes Armes.

---

(1) Instruction sur l'Organisation et les attributions des Groupes de Canevas de Tir des Armées (G. C. T. A.) du 23 décembre 1915.

Instruction sur l'organisation et le fonctionnement des Sections Topographiques de Corps d'Armée (S. T. C. A.) du 25 décembre 1915.

Le Plan Directeur au 20.000^e ou « Plan Directeur proprement dit » est destiné plus spécialement à l'Artillerie. Il lui sert pour la désignation des objectifs et la préparation de ses tirs, en particulier sur les batteries ennemies. C'est en outre pour le Commandement un plan d'ensemble s'étendant sur une profondeur suffisante pour donner une image complète de tout le dispositif de la défense ennemie. Enfin il constitue le document cartographique d'ensemble dans lequel viennent se placer tous les plans de moindre étendue, mais à une échelle plus grande, auxquels il sert de cadre général. Il en permet l'assemblage et leur impose ses dénominations et conventions diverses.

Le Plan Directeur au 10.000^e est une carte d'étude qui donne le relevé des organisations ennemies avec les détails que ne peut comporter le 20.000^e. Il est utilisé par le Commandement, les États-Majors. L'Artillerie l'emploie également pour ses tirs sur les tranchées et ouvrages divers des positions successives et la mesure précise des éléments de ses transports de tir sur les parties de ces ouvrages invisibles de ses observatoires.

Le Plan Directeur au 5.000^e est un croquis d'attaque limité aux premières lignes ennemies ; il a pour but de fournir une image expressive du terrain sur lequel elles se développent et une représentation complète de tous les détails connus de l'organisation ennemie. Il est spécialement destiné aux unités d'Infanterie pour leur permettre de reconnaître tous les points caractéristiques du terrain qu'elles ont devant elles, d'y découvrir et d'y situer des points de direction, d'y étudier des cheminements; et, d'autre part, pour lui permettre de connaître, repérer et identifier tous les éléments intéressants de la défense ennemie, la situation des tranchées, ouvrages et obstacles divers, la nature et le dispositif des engins de défense, les flanquements organisés. etc. L'Artillerie emploie également ce plan pour assurer sa liaison intime avec l'Infanterie, pour préparer et exécuter ses actions en accord avec elle et d'après ses besoins.

2° Plans Directeurs avec tranchées françaises.

En principe, les Plans Directeurs avec tranchées françaises sont établis à l'échelle du 10.000^e.

Ils ont principalement pour but de donner au Commandement une image exacte et complète de nos organisations défensives et offensives ; ils permettent de procéder en toute connaissance de cause aux études relatives à leur amélioration, à leur utilisation dans les diverses circonstances ; ils facilitent l'élaboration des ordres à donner au sujet de l'occupation des différents secteurs et des opérations défensives et offensives qui peuvent s'y poursuivre.

En outre, ces Plans servent à guider les Divisions, Brigades et Régiments ayant à s'engager dans des Secteurs où ils sont appelés à intervenir rapidement et sans avoir pu faire au préalable une reconnaissance approfondie de nos positions.

Il est désirable que la série des Plans au 20.000ᵉ, au 10.000ᵉ et au 5.000ᵉ énumérés ci-dessus soit établie pour tout le front des Armées. Le travail sera conduit progressivement d'après les principes suivants : Le Plan au 20.000ᵉ devra être dressé en première urgence. Les Plans au 10.000ᵉ et au 5.000ᵉ seront établis en suivant l'ordre d'importance des différentes parties du front. Dans tous les cas, le 5.000ᵉ devra être distribué aux troupes suffisamment à temps pour qu'il puisse être bien étudié et complété sur le terrain avant l'exécution des attaques au cours desquelles il devra être employé.

II. — FORME À DONNER AUX DIFFÉRENTS PLANS.

1° Système de Projection.

Les plans directeurs doivent être établis pour tout le théâtre d'opérations occidental dans un même système de projection.

La projection adoptée est la projection dite de LAMBERT avec laquelle on peut représenter sur le plan toute la région Nord-Est (France-Belgique-Allemagne) sans déformations sensibles, soit sur les angles, soit sur les longueurs. (Voir Annexe I.)

La projection de BONNE, de la Carte d'État-Major, que certaines Armées conservent provisoirement sera progressivement abandonnée. Près de la frontière de l'Est, les Plans et cartes établis dans ce système présentent des déformations angulaires atteignant une valeur ne pouvant être négligée pour le tir précis de l'Artillerie à longue portée. Cette projection n'aurait pu être prolongée sans inconvénients sur le territoire de l'Allemagne occidentale.

2° Quadrillage.

Les Plans aux diverses échelles doivent porter un quadrillage kilométrique (1), établi dans un système unique en

(1) Subdivisé facultativement en deux parties au 10.000ᵉ et en cinq au 5.000ᵉ (exceptionnellement en dix).

conformité avec le système de projection. Par suite, le système de quadrillage rectangulaire auquel il y a lieu de se conformer uniformément est celui qui correspond au système de projection LAMBERT. Les lignes du quadrillage parallèles aux deux axes des x et des y (tangents au parallèle et au méridien du centre de projection) sont numérotées sur chaque plan d'une manière très apparente.

3° Dimensions des feuilles et assemblages.

Le 20,000ᵉ doit s'étendre dans nos lignes à une distance d'environ 5 kilomètres au moins, de façon que les batteries de campagne et les batteries lourdes puissent y reporter leurs positions, et à 10 kilomètres au moins dans les lignes ennemies pour que leurs objectifs habituels s'y trouvent indiqués.

Il peut y avoir intérêt en outre à pousser le Plan Directeur au delà des limites ci-dessus dans les lignes ennemies, notamment dans les régions où il n'existe pas de levés à à grande échelle. Autant que possible, le Groupe de Canevas de tir préparera à l'avance les minutes de ces nouvelles feuilles de façon à pouvoir en assurer le tirage en temps voulu.

Le 10.000ᵉ doit être poussé jusqu'à une profondeur d'environ 6 km. dans la zone ennemie, afin de donner une image complète de ses première et deuxième positions. La même édition devant être utilisée pour le relevé de nos propres organisations, il y a lieu d'étendre les Plans de toute la quantité voulue dans nos lignes en faisant, s'il y a lieu, des feuilles additionnelles.

Le 5.000ᵉ est poussé à 2 ou 3 km. environ dans les lignes ennemies de façon à donner à l'Infanterie tous les renseignements qui l'intéressent directement. Dans nos lignes, il s'étend à 500 m. ou 1 km. de manière à comprendre les points de repères indispensables pour l'emploi du Plan sur le terrain.

Dans la découpure des différentes feuilles à une même échelle à établir sur un front déterminé, on ne cherche pas à tenir compte de la disposition momentanée des grandes unités sur ce front. On s'arrête une fois pour toutes à un plan d'ensemble, dit plan d'assemblage, tenant compte des découpures adoptées par les Armées voisines et comportant des feuilles contigues ou se recouvrant le moins possible.

Dans une même Armée, les feuilles des plans aux différentes échelles seront très avantageusement arrêtées aux mêmes limites latérales ou intercalées régulièrement entre ces limites.

Pour éviter toute difficulté d'impression, les dimensions des feuilles ne doivent pas dépasser 1 m. 02 × 0 m. 70.

4° Titres et légendes.

Chaque feuille reçoit un numéro d'ordre et un titre ; ce titre est un nom de localité se rapportant à l'endroit le plus important de la région.

Une date y est également inscrite : c'est celle à laquelle remontent les derniers renseignements exploités pour l'établissement du Plan.

L'indication « Groupe de Canevas de Tir » est mentionnée sur chaque Plan, mais le numéro de l'Armée ne doit pas y figurer.

Une légende rappelle le mode de figuration de l'organisation ennemie (tranchées, batteries, etc.,) ainsi que le signe distinctif des points géodésiques dont l'utilité est primordiale pour le tir de l'Artillerie.

Des flèches de Direction pour le Nord vrai et le Nord magnétique sont figurées bien en évidence, avec l'indication en grades et décigrades des angles que font ces directions avec les lignes du quadrillage parallèles au méridien origine (axe des y).

On indique sur chaque plan le système de projection employé (projection LAMBERT en principe).

Enfin, une échelle graphique est figurée sur chaque feuille.

5° Eléments à représenter.

Les Plans Directeurs comportent le figuré de la planimétrie, le figuré du terrain, la représentation des organisations ennemies et, s'il y a lieu, des organisations françaises.

La planimétrie est représentée en noir. La forme du terrain est figurée par des courbes de niveau tracées en bistre ; toutefois, sur certains plans obtenus par utilisation directe des éditions monochromes des levés de précision à grande échelle, les courbes de niveau sont données en noir comme la planimétrie.

Les organisations allemandes sont imprimées en bleu ; les organisations françaises, en rouge.

Chacun des éléments représentés est l'objet d'un tracé spécial, ainsi qu'il est indiqué plus loin au paragraphe *Signes conventionnels.*

La planimétrie comprend tous les renseignements figurés ordinairement sur les Cartes et les Plans à grande échelle : points géodésiques, chemins de fer, routes, chemins et sentiers, cours d'eau, constructions, maisons, ponts, bois, jardins, etc. Dans certains cas, et notamment pour le 10.000e et le 5,000e, on peut y porter également les limites de cultures très apparentes qui peuvent être utiles pour l'observation et le Tir de l'Artillerie. Les chemins de fer de campagne établis sur le front pour desservir nos positions ne doivent pas être figurés sur les plans ordinaires.

Les courbes de niveau sont données de 10 mètres en 10 mètres sur le 20.000^{e}, et de 5 mètres en 5 mètres sur le 10.000^{e} et le 5.000^{e}. Toutefois cette règle peut être modifiée soit en plaine, soit en région très accidentée (1). Les cotes de la Carte d'État-Major doivent être reportées, même si elles ont été reconnues erronées, cette indication ayant très souvent de l'importance par l'usage qui peut s'être établi dans les corps de désigner ainsi les points correspondants du terrain.

Les organisations allemandes à représenter sur les plans sont les tranchées, boyaux et ouvrages divers, les fils de fer, mitrailleuses, lance-bombes et engins de défense de toute nature; les batteries, les dépôts de munitions, les observatoires, les campements, bivouacs et abris, les chemins de fer, les routes et pistes nouvelles utilisées par l'ennemi pour le ravitaillement, les évacuations ou la circulation des troupes, etc. Mais ces indications, très nombreuses, ne peuvent figurer toutes au complet sur les plans aux différentes échelles. Il y a lieu de les sélectionner d'après leur ordre d'importance et d'après l'emploi spécial auquel est plus particulièrement destiné chacun des plans, de façon à ce qu'ils restent toujours d'une lecture facile. En général, il conviendra de représenter :

Au 20.000^{e}	Les détails de l'organisation ennemie jusqu'à la limite compatible avec la clarté du document. Les tranchées, les abris, les boyaux, les pistes importantes, les chemins de fer, les principaux campements, les batteries avec leur numéro.
Au 10.000^{e}	Tout ce qui figure sur le 20.000^{e}, mais avec plus de détails. On représente, en outre, les fils de fer, en deuxième ligne tout au moins, les pistes au complet, leurs points de passage sur les tranchées et boyaux.

---

(1) Cette figuration du relief par des courbes est exacte pour les régions du front ayant fait l'objet en temps de paix de levés à grande échelle. Par contre, elle n'a qu'une valeur figurative pour les régions n'ayant été levées qu'aux petites échelles. Il conviendra d'indiquer sur chaque Plan l'origine et la valeur des courbes reproduites.

Au 5.000ᵉ — Tout l'ensemble des détails qu'on a pu obtenir par l'étude et l'interprétation des photographies, ainsi que tous les renseignements recueillis par l'Infanterie aux tranchées de première ligne, ou par l'Artillerie de ses observatoires avancés. C'est le document le plus complet concernant la première ligne ennemie. Son échelle permet non seulement d'y reporter de très nombreuses indications sur l'organisation ennemie (fils de fer au complet, chevaux de frise, mitrailleuses, lance-bombes, abris pour le personnel ou les munitions, etc.), mais aussi d'y ajouter un texte donnant tous les renseignements additionnels de nature à intéresser l'Infanterie et qu'un dessin conventionnel ne pourrait faire ressortir convenablement (zone de feux de l'ennemi, nature du terrain, valeur des obstacles divers, etc.).

Les organisations françaises à représenter sur les Plans Directeurs aux diverses échelles sont indiquées ci-dessous :

1. Sur les Plans Directeurs ordinaires au 20.000ᵉ et au 10.000ᵉ, on porte la ligne avancée des tranchées françaises. Son contour, exactement mis en place, est donné avec tout le détail compatible avec l'échelle.

Sur les Plans et Croquis au 5.000ᵉ, on porte également le contour des tranchées de première ligne; il est alors figuré d'une manière très détaillée. Pour utiliser commodément ces plans, en effet, l'Infanterie a besoin d'avoir de nombreux points de repère lui permettant de se situer avec précision.

Dans le cas où le tracé de la ligne avancée, en raison de son uniformité, n'offre pas un nombre suffisant de points remarquables, faciles à identifier pour un observateur placé dans la tranchée même (saillants, rentrants, changements de direction caractéristiques, etc.), il y a lieu soit d'indiquer quelques amorces de boyaux avec leur nom, soit, de préférence, de porter sur les Plans la position d'un certain nombre de points de repère choisis convenablement dans la tranchée de première ligne ou dans les tranchées de soutien ou dans les boyaux les reliant; afin qu'ils puissent être très facilement retrouvés par chacun, ces points sont marqués dans les tranchées par des pancartes indicatrices et des flèches donnant leur direction (1).

(1) Naturellement ils ne doivent jamais être pris à proximité des endroits intéressants ou sensibles de notre organisation, tels que: emplacements de mitrailleuses, mortiers de tranchées, postes de commandement, postes téléphoniques, etc.

2° Sur les Plans au 10.000ᵉ avec tranchées françaises, on porte les éléments suivants :

Les tranchées et boyaux dans leur totalité ;

Les ouvrages divers ;

Les chemins de fer de campagne,

ainsi que tous les noms et numéros usités dans les Secteurs pour leur désignation.

En aucun cas les Plans *édités* ne doivent porter d'indications soit sur l'armement (mitrailleuses-batteries), soit sur les fils de fer et autres obstacles analogues, soit sur l'organisation du Commandement (postes de Commandement, centraux téléphoniques), soit sur l'ordre de bataille des troupes occupant le Secteur. Toutes ces indications sont à ajouter à la main par chaque détenteur du Plan pour la partie le concernant spécialement et sous sa responsabilité. (Voir annexe II.)

Les indications ci-dessus concernant le 10.000ᵉ avec tranchées françaises s'appliquent à la figuration des organisations françaises sur les plans au 20.000ᵉ dans le cas où les Groupes de Canevas de Tir seraient amenés, pour un motif particulier, à établir provisoirement les documents de cette nature à l'échelle du 20.000ᵉ. (En particulier, pour les positions organisées en arrière du front.)

6° Noms et appellations. — Numérotage des objectifs.

L'expérience de la guerre actuelle a montré que, pour assurer dans les meilleures conditions possibles l'emploi des Plans Directeurs sur le terrain, *il convenait de multiplier à l'extrême les noms et désignations.*

Tous les éléments importants de la planimétrie ou du relief (bois, vallées, etc.) doivent recevoir des appellations, principalement dans les lignes ennemies. Les noms adoptés sont ceux de la Carte d'État-Major ou du Cadastre, ou encore des noms nouveaux donnés dans les Secteurs et d'un usage devenu courant; enfin, à leur défaut, des noms arbitraires.

Lorsque les bois sont trop nombreux pour qu'il soit possible de leur donner à tous un nom particulier, on peut les désigner soit par un numéro à deux chiffres, soit par une lettre régionale suivie d'un numéro à deux chiffres. Exemple : K 25.

Les divers détails de l'organisation ennemie reçoivent des dénominations ou des numéros. Pour compléter celles déjà en usage, il y a lieu d'en adopter d'arbitraires. On applique alors aux tranchées et aux boyaux importants des noms empruntés au vocabulaire allemand (noms géographiques, par exemple). En outre, les points importants des tranchées sont désignés par des numéros à trois chiffres conventionnels (1) ou par des numéros à quatre chiffres correspondant à leurs coordonnées hectométriques, ou par une combinaison de ces deux procédés. Dans le cas où la numérotation à quatre chiffres est employée, la désignation doit se rapporter à un point précis du terrain (rencontre d'un boyau et d'une tranchée, par exemple), et non à une portion de ligne ou à un contour.

Toutes les batteries ennemies et tous les épaulements correspondant à des emplacements possibles de batteries reçoivent un numéro en coordonnées hectométriques.

Exemple :

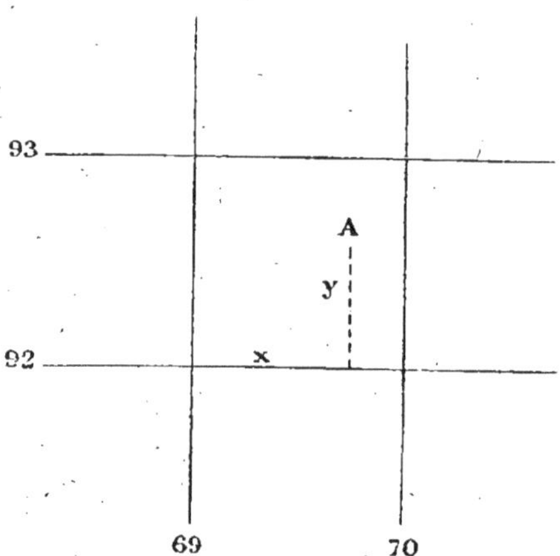

Point A	coordonnées métriques..........	x = 69,740 y = 92,590
	coordonnées hectométriques (complètes)......................	x = 69,7 y = 92,6
	coordonnées hectométriques (abrégées)......................	97,26
Le numéro à inscrire sur le Plan directeur est..		97,26

(1) A titre exceptionnel, la désignation de quelques points importants des tranchées ennemies par des lettres, employée dans certains Secteurs, pourra être provisoirement maintenue si cette appellation est d'un usage très courant parmi les troupes.

La numérotation à trois chiffres, tout en étant conventionnelle, doit être, autant que possible, appliquée suivant une certaine loi en vue de permettre au Groupe de Canevas de Tir d'attribuer facilement un numéro à chaque élément nouveau sans courir le risque de répétitions et de faciliter d'autre part pour les détenteurs de Plans la recherche des points ainsi désignés. Par exemple, en première ligne, on pourra adopter des numéros commençant par 3 ou 4 ; sur les lignes intermédiaires, par 5 et 6 ; en seconde ligne, par 7 et 8 ; en troisième ligne, par 9 et 0. Dans chaque tranche verticale ou horizontale (suivant la disposition du front), on pourra en outre prendre le second chiffre égal au chiffre kilométrique correspondant, soit de l'abscisse, soit de l'ordonnée.

Il est de règle que tous les noms et numéros portés sur les Plans Directeurs au 20.000° figurent sur les Plans au 10.000° et au 5.000°, et que tous ceux portés sur les Plans au 10.000° figurent sur les Plans au 5.000°, les appellations inscrites sur les plans au 20.000° et au 10.000° étant sélectionnées, suivant l'échelle, d'après leur ordre d'importance.

Remarque. — L'emploi des Plans directeurs ayant un caractère officiel, au même titre que la Carte d'État-Major, toutes les appellations nouvelles ou désignations introduites par les S.T.C.A. sur leurs Rectificatifs aux Plans Directeurs ou par les autres services sur leur documents spéciaux ne deviennent définitives qu'après avoir été adoptées par le Groupe de Canevas de tir et portés sur les plans édités par ses soins (1).

7° Signes conventionnels.

a. *Signes conventionnels cartographiques.*

Les éléments cartographiques proprement dits sont représentés d'après le tableau des signes conventionnels inséré à l'Annexe II.

Toutefois, pour les Plans Directeurs provenant des Plans Directeurs de Place Forte ou des levés à grande échelle édités au 20.000°, les signes conventionnels sont ceux des documents originaux utilisés si le dessin n'a pu être repris par les Groupes de Canevas de Tir.

b. *Signes conventionnels pour les organisations françaises et allemandes.*

L'Annexe II indique également les signes conventionnels adoptés pour représenter les organisations françaises et allemandes.

Les signes conventionnels portés à *l'impression* sur les Plans Directeurs, en particulier sur les Plans avec tranchées françaises, ne correspondent toutefois qu'à une partie des indications utiles pour leur usage courant. De nombreuses indications complémentaires, de nature secrète pour la plupart, sont à ajouter en inscriptions manuscrites sur les Plans en service. Les signes conventionnels concernant ces indications sont donnés à l'Annexe précitée.

---

(1) Cette précaution est indispensable pour éviter les confusions qui pourraient se produire entre grandes unités voisines.

III. — ÉTABLISSEMENT ET TENUE À JOUR DES PLANS.

Le Groupe des Canevas de Tir est chargé de l'établissement et de la reproduction des Plans Directeurs aux diverses échelles nécessaires aux Armées. Il les tient à jour par de nouvelles éditions (totales ou partielles). Leur tenue à jour est en outre assurée dans les C. A. sous la direction technique des Groupes de Canevas de Tir, par les soins des Sections Topographiques des 2es Bureaux qui publient à cet effet des documents appelés Rectificatifs, indiquant toutes les modifications ou additions devant être apportées à la dernière édition de chaque Plan en service.

Remarque. — En dehors du Groupe de Canevas de Tir et des Sections Topographiques, aucun service n'a qualité pour procéder à l'établissement et à la distribution de documents portant le nom de Cartes ou Plans et pouvant être considérés comme des Rectificatifs aux Plans Directeurs ou des éditions nouvelles de ces Plans abrogeant les précédentes.

1° Travaux du Groupe des Canevas de Tir.

Les principaux travaux relatifs à l'établissement des Plans Directeurs incombant aux Groupes de Canevas de Tir sont :

L'exécution sur le terrain des triangulations nécessaires pour constituer ou compléter le Canevas d'ensemble, base fondamentale servant à la mise en place et à l'assemblage de tous les levés, fragments de Cartes et Plans pouvant être utilisés pour constituer le fond planimétrique et altimétrique des Plans ;

La recherche et la coordination de tous les documents cartographiques et topographiques susceptibles d'être utilisés (cartes, plans existants, cadastres, etc.);

L'exécution de levés topographiques et recoupements divers pour parfaire le Plan Directeur aux endroits reconnus défectueux, effectuer la revision des régions ayant subi des modifications et assurer la mise en place, l'orientation et la réduction à l'échelle voulue des Cartes et Plans utilisés et des restitutions photographiques ou croquis divers des organisations ennemies ou des nôtres ;

La restitution des photographies aériennes prises par le Service de l'Aviation;

Enfin l'exploitation graphique de tous les renseignements au sujet du tracé et de la nature des organisations ennemies recueillis et rassemblés par les Deuxièmes Bureaux des C. A. et de l'Armée.

Ces travaux techniques sont poursuivis dans les Groupes de Canevas de Tir par les méthodes régulières de la Géodésie, de la Topographie et de la Cartographie adaptées aux conditions spéciales dans lesquelles ils doivent être exécutés.

2° Travaux de la S. T. C. A.

Ces travaux sont énumérés dans l'Instruction du 25 décembre 1915 sur l'organisation des Sections Topographiques.

Les Sections Topographiques n'ont pas à s'occuper des travaux fondamentaux d'établissement des Plans qui sont à la charge des G. C. T. A.

Leur tâche principale est l'établissement de croquis et le tirage de Rectificatifs partiels aux Plans Directeurs, le fond de ces Plans, agrandi s'il y a lieu, étant utilisé en principe sans modification.

Autant que possible, les S. T. C. A. s'attacheront plus spécialement à améliorer et mettre à jour les Plans à la plus grande échelle (5.000ᵉ) en usage dans l'Infanterie.

L'Annexe III indique la nature et le mode d'exécution des principaux travaux topographiques et cartographiques auxquels les S. C. T. A. peuvent avoir à procéder.

Elle fournit en outre des indications sommaires sur les restitutions photographiques et la lecture des photographies.

Enfin elle donne la liste du matériel mis à la disposition des Sections par les Groupes de Canevas de Tir des Armées.

IV. — TIRAGES, DISTRIBUTIONS, MESURES DE PRÉCAUTION, CONSERVATION ET DESTRUCTION DES PLANS.

---

a. Tirages et distributions.

En principe, les Plans Directeurs et Croquis établis par les Groupes de Canevas de Tir sont reproduits par le Service Géographique de l'Armée qui a la charge de l'édition de tous les Plans et Cartes nécessaires aux Armées.

Le Groupe des Canevas de Tir fait parvenir aux C. A. (S. T. C. A.) les exemplaires qui leur sont nécessaires. Il en assure le renouvellement sur demande.

La répartition est faite par la S. T. C. A. sur les bases suivantes :

Plans directeurs au 20.000ᵉ et au 10.000ᵉ :

A l'Infanterie, — jusqu'aux Chefs de Bataillon inclus;
A l'Artillerie, — jusqu'aux Commandants de Batterie inclus;

Croquis au 5.000e :

Dans l'Infanterie, — à tous les échelons jusqu'aux Chefs de Section inclus;

Dans l'Artillerie, — jusqu'aux Commandants de Batterie inclus.

Les États-majors et le Génie reçoivent le nombre de plans nécessaires à leurs études et travaux.

En cas d'attaque et de progression amenant l'Infanterie à dépasser la zone figurée sur les plans au 5,000e établis à son intention, il lui est distribué, à défaut de 5.000e des Plans au 10.000e mis à jour de tous les renseignements que l'on peut posséder sur les secondes lignes ennemies.

Plans directeurs avec tranchées françaises :

Aux États-Majors de C. A., de D. I. et de Brigade;
Aux Commandants de Régiments d'Infanterie et d'Artillerie;
Aux Commandants de Groupement, s'il y a lieu;
Aux Commandants de Secteurs et de Sous-Secteurs qui, exceptionnellement, n'en seraient pas dotés à l'un des titres ci-dessus.

b. Mesures de précaution. — Conservation et destruction des plans.

Tous les Plans Directeurs ou Croquis *périmés* sont brûlés par leurs détenteurs.

Les approvisionnements des S. T. C. A. non utilisés sont renvoyés au groupe des Canevas de Tir.

Tous les Plans Directeurs doivent être considérés comme des documents confidentiels. Toutes les précautions doivent être prises pour qu'ils ne s'égarent pas et qu'ils ne puissent tomber aux mains de l'ennemi.

Il convient de remarquer, en effet, que même les Plans ordinaires sans tranchées françaises :

1° Donneraient à l'ennemi l'état des renseignements que l'on possède sur ses organisations;

2° Lui donneraient le plus souvent des indications très précises sur la topographie de la région située dans nos lignes (signaux géodésiques, levés exacts des chemins, sentiers, voies ferrées, contours des bois, figuration et amélioration du relief, etc.).

Ces renseignements lui seraient des plus précieux pour faire des restitutions photographiques exactes, et pour effectuer des tirs précis dans nos lignes.

Quant aux Plans au 10.000e avec tranchées françaises, ce

sont des documents strictement secrets, dont tous les exemplaires doivent être numérotés et les sorties enregistrées par les S. T. C. A.

Ils sont conservés aux États-Majors et postes de Commandement, et ne doivent en aucun cas être emportés aux tranchées de première ligne.

S'il y a nécessité absolue pour les détenteurs des Plans au 5.000ᵉ de figurer sur les exemplaires employés aux premières lignes certains éléments de notre organisation, il convient de limiter ces indications au strict minimum et de les représenter de telle façon que les plans ainsi complétés ne puissent être d'aucune utilité pour l'ennemi, s'ils tombaient entre ses mains. (Voir plus haut, page 11.)

V. — RACCORDS ENTRE LES PLANS D'ARMÉES VOISINES.

A la limite de séparation de deux Armées, il est indispensable que les Groupes de Canevas de tir des Armées dont les Plans Directeurs sont en raccord ou possèdent une partie commune prennent les dispositions voulues pour que les feuilles de leurs Plans se prolongent exactement ou que leurs parties communes soient identiques.

A cet effet, les Groupes de Canevas de tir des Armées voisines s'entendent pour arrêter *leurs travaux à une ligne conventionnelle de démarcation* le long de laquelle le raccord cartographique est effectué et de chaque côté de laquelle l'établissement et la tenue à jour du Plan incombent à l'Armée directement intéressée. Pour la partie située au delà de cette ligne, on se borne à reproduire le Plan de l'Armée voisine.

La ligne de démarcation choisie doit toujours être une ligne bien nette, par exemple la ligne du quadrillage kilométrique voisine de la limite de séparation des Secteurs occupés par chaque Armée.

Les appellations, noms et numéros de nature conventionnelle attribués par chaque Armée, dans la zone qui la concerne, sont reproduites par l'Armée voisine.

Tous les renseignements ou déterminations (levés topographiques, points géodésiques, photographies, etc.) obtenus par l'une des Armées sur la zone de l'Armée voisine doivent être communiqués sans retard au Groupe des Canevas de tir de celle-ci pour lui permettre de les exploiter sur son Plan.

Lorsqu'une Armée fait une édition nouvelle, elle se fait adresser par l'Armée voisine un Plan (ou calque) à jour de la zone qui dépend de celle-ci et reproduit intégralement ce document; lorsque l'édition est parue, elle lui adresse plusieurs exemplaires du nouveau tirage.

Outre les dispositions ci-dessus relatives à l'adoption d'une ligne de démarcation délimitant les zones dans lesquelles chacun des Groupes de Canevas de tir des Armées voisines ont à établir les minutes des Plans Directeurs, il convient autant que possible d'adopter également certaines dispositions en ce qui concerne la découpure des Plans édités. La tendance naturelle de chaque Armée est de faire déborder très largement ses Plans extrêmes sur la zone d'action frontale de l'Armée voisine. Il y a le plus grand intérêt à éviter ces surfaces de recouvrement, en raison notamment du surcroît de travail qu'elles entraînent dans les Groupes de Canevas de tir au moment où les limites des Armées sont modifiées; dans ce cas, certains Plans font double emploi, et il devient nécessaire de remanier presque toutes les coupures des Plans de l'Armée, d'où de grosses pertes de temps.

Le meilleur procédé consiste pour une Armée à établir une fois pour toutes son tableau d'assemblage par entente avec l'Armée voisine et de telle façon que leurs Plans soient jointifs, cette jonction étant voisine on non de la ligne de démarcation adoptée. Les corps voisins des deux Armées font alors usage d'un même Plan. Ce Plan commun aux deux Armées fait l'objet de tirages successifs par entente entre les Groupes de Canevas de tir et au mieux des besoins des deux Armées.

VI. — CARTES ET PLANS SPÉCIAUX.

Outre les types normaux de Plans Directeurs énumérés ci-dessus, on peut être amené à établir des Cartes schématiques et des Plans spéciaux à grande échelle répondant à un but particulier :

1° Carte au 50.000e des voies de communication du front.

C'est une Carte schématique indiquant la viabilité des routes, chemins et pistes, les chemins de fer de campagne et tous les renseignements qui offrent un intérêt particulier pour les mouvements et le stationnement des troupes, les ravitaillements en vivres et munitions, les évacuations.

Le document ainsi établi a un caractère confidentiel.

2° Carte au 50.000e des positions allemandes.

Cette Carte indique schématiquement les différentes lignes de tranchées ennemies, ses bivouacs, ses centres de ravitaillement, ses voies de communications les plus fréquentées, ses chemins de fer de campagne, l'organisation de son Commandement, etc. Elle a pour but de donner au Commandement une idée d'ensemble de la disposition des forces de l'ennemi et de son plan défensif général. Elle est établie à l'aide des renseignements fournis par le 2ᵉ Bureau de l'Armée et des Armées voisines.

3ᵉ Cartes diverses au 50.000ᵉ.

Telles que Cartes schématiques indiquant les zones défilées, Cartes du réseau téléphonique, etc.

4ᵉ Plans spéciaux de nos travaux de défense.

Ces Plans à très grande échelle (2.500ᵉ, 1.000ᵉ) peuvent comporter le tracé de certains éléments intéressants des tranchées de première ligne, de détails spéciaux de notre organisation, de travaux de sapes et de mines, de points d'appui, d'éléments particuliers de nos deuxièmes lignes, de voies ferrées, etc.

Ces travaux font l'objet soit de restitution à très grande échelle, soit de croquis sur le terrain et même de levés topographiques spéciaux sous la direction technique du Groupe de Canevas de Tir. Ils sont exécutés, en principe, par la Section Topographique de Corps d'Armée ou par les Officiers du Génie.

5ᵉ Croquis spéciaux d'objectifs pour l'Artillerie (Gares, emplacements de pièces à longue portée.)

Il est intéressant, dans certains cas, d'établir des croquis de la zone avoisinant certains objectifs importants en vue d'une action locale et pour faciliter le réglage du tir de l'Artillerie. (Plans de gares, de localités, de points de passage obligés, de bivouacs et cantonnements, de batteries ennemies à grande puissance, etc.)

Ces Plans ou Croquis à très grande échelle (2.500ᵉ, 5.000ᵉ, 10.000ᵉ) s'appuient comme fond planimétrique sur le Cadastre ou sur les Plans spéciaux qui peuvent exister dans les Administrations privées (Chemins de fer, Ponts et Chaussées, etc.).

Ils sont complétés à l'aide de renseignements divers et surtout à l'aide de photographies aériennes redressées.

Dans certaines parties plus spécialement intéressantes, on figure les limites de culture (chaumes, broussailles, bois coupés, champs diversement colorés), tranchant nettement sur le sol et pouvant servir de repère à l'observateur aérien chargé d'observer le tir, en lui fournissant des bases précises pour apprécier la grandeur des écarts des coups successifs.

Ce document pourra être complété par un système de

quadrillage et une numérotation convenus entre la Batterie et l'aviateur chargé de l'observation du tir. Si le réglage doit se faire à l'aide de postes d'observation terrestres, on peut porter sur le croquis de l'objectif une division angulaire constituée par des faisceaux de directions correspondant aux mesures prises des observatoires et de la batterie ayant à effectuer le tir.

VII. — DISPOSITIONS RELATIVES À LA GUERRE DE MOUVEMENT.

1° Guerre de mouvement proprement dite.

Dans la guerre de mouvement, il est naturellement impossible d'établir des Plans Directeurs véritables; ils seraient d'ailleurs sans objet.

Il est distribué aux Corps des Cartes quadrillées à l'échelle du 50.000e dont les S. T. C. A. assurent la répartition sur les bases suivantes :

Dans l'Infanterie, jusqu'aux Chefs de Bataillon inclusivement;

Dans l'Artillerie, jusqu'aux Commandants de Batterie inclusivement.

Ces cartes sont utilisées notamment pour la désignation des objectifs dans les mêmes conditions que les Plans Directeurs.

Il peut y avoir lieu, en outre, d'avoir recours à des croquis de détail à grande échelle (20.000e, 10.000e, 5.000e) pour figurer des organisations locales révélées par la photographie ou autrement.

Ces croquis sont dressés par les S. T. C. A. qui utilisent à cet effet des agrandissements de la Carte et répandus par leurs soins au nombre d'exemplaires voulu.

De plus, des Cartes à plus grande échelle que le 5.000e peuvent être distribuées aux États-Majors et surtout à l'Artillerie pour l'exécution de ses tirs précis, en particulier sur les points d'appui organisés par l'ennemi.

L'Annexe V indique la nature et la valeur des diverses cartes éditées pour les diverses régions du territoire français, belge ou allemand.

2° Périodes de stabilisation momentanée.

Au cours de la guerre de mouvement, il convient que le Groupe de Canevas de Tir de chaque Armée prenne toutes ses dispositions pour être en mesure de dresser dans le minimum de temps des Plans Directeurs des parties du front qui pourraient se fixer momentanément. Le premier Plan à établir est celui au 20.000e, nécessaire à l'Artillerie pour l'organisation de son tir.

En arrivant dans une nouvelle Région et avant d'attendre la stabilisation définitive des opérations, il y a lieu de préparer un document provisoire, en ayant recours aux procédés les plus expéditifs.

Toutefois, pour obtenir le fond cartographique de ces Plans, on évitera d'avoir recours à un agrandissement brutal des Cartes existantes, en raison des déformations provenant de leur tirage, du jeu du papier (et même des déformations provenant de leur système de projection).

On n'utilisera les agrandissements et les Plans existants que par fragments assemblés et mis en place à l'aide des points géodésiques; dans le cas où ces points seraient en nombre tout à fait insuffisant, on pourra, pour remédier à cette lacune, faire choix d'un certain nombre de points remarquables, mesurer leurs coordonnées géographiques sur les Cartes et les adopter provisoirement.

Pour être à même d'exécuter ces travaux, les Groupes de Canevas de Tir auront à prendre les mesures préparatoires suivantes :

Se constituer un dossier des triangulations des régions dans lesquelles leur Armée aura à opérer avec la description des points géodésiques et la valeur de leurs coordonnées;

Rassembler à l'avance tous les documents, tels que Cartes et Plans existants pour ces régions;

Rechercher sur place et recueillir systématiquement tous les Plans à grande échelle des Communes ou des Administrations (Cadastres, Plans de villes, levés de Chemins de fer, Cartes des Eaux et Forêts, etc.)

Enfin, le moment venu, effectuer sur le terrain les reconnaissances nécessaires pour contrôler la valeur de ces documents et entreprendre sans retard les opérations géodésiques du Canevas d'ensemble et, s'il y a lieu, les levés topographiques. Ces relevés, s'ils sont nécessaires, seront exécutés dans les conditions indiquées à l'annexe VI.

J. JOFFRE.

TABLE DES MATIÈRES.

ANNEXES.

I. Notions sur les Projections.

II. Tableaux des signes conventionnels.

III. Travaux divers des S. T. C. A. Travaux topographiques. Restitutions photographiques. Lecture des photographies. Travaux cartographiques. Matériel mis à la disposition des Sections.

IV. Carte de la Déclinaison Magnétique.

V. Renseignements sur les cartes françaises, belges et allemandes.

VI. Travaux topographiques à exécuter éventuellement pour la préparation du fond des Plans Directeurs sur de nouvelles positions.

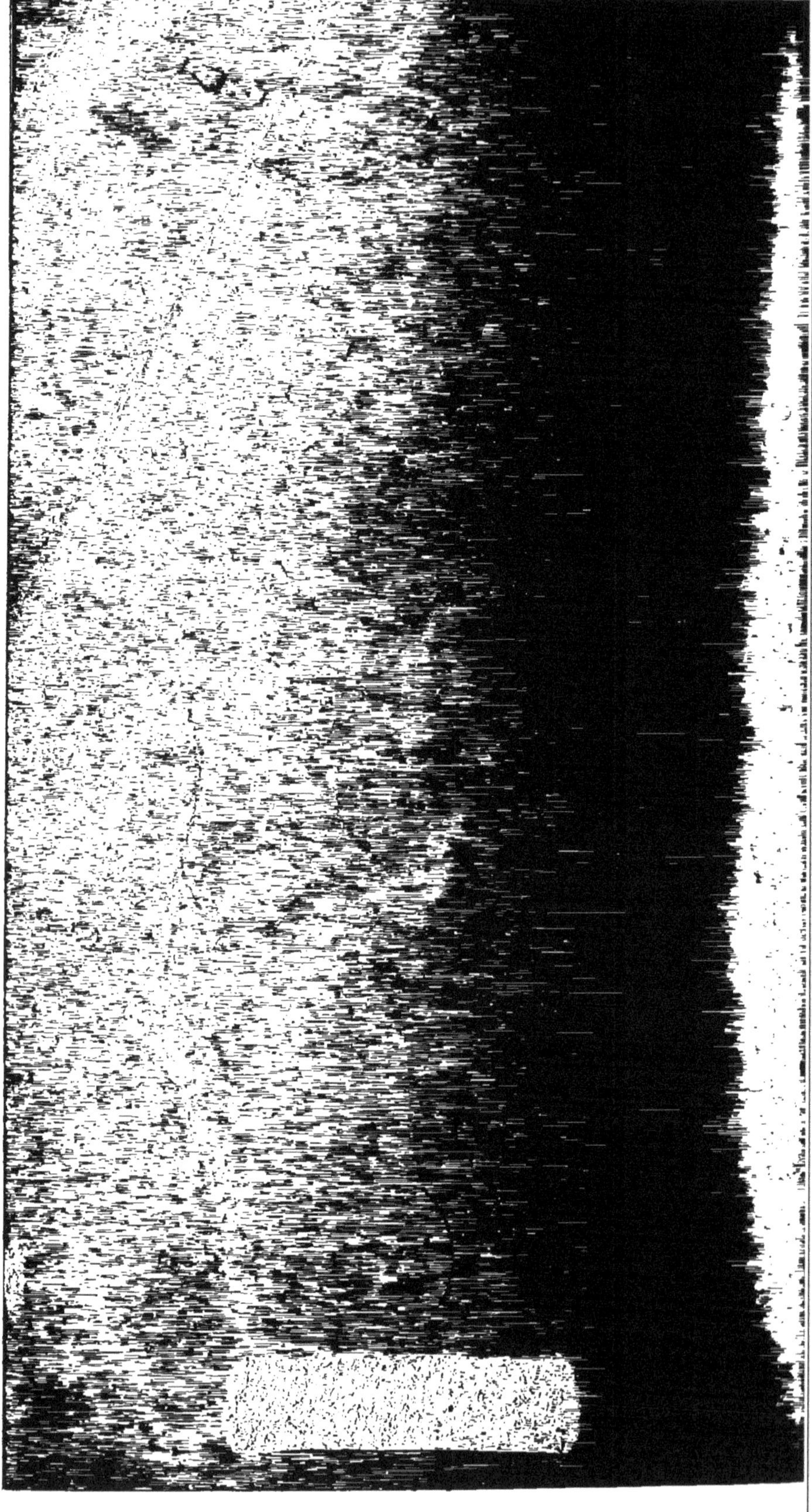

www.ingramcontent.com/pod-product-compliance
Ingram Content Group UK Ltd.
Pitfield, Milton Keynes, MK11 3LW, UK
UKHW020528230726
13925UKWH00005B/2252

9 782013 634274